生物技术科普绘本
生物制造卷

奇妙的世界 生物制造 界

新叶的神奇之旅 I

中国生物技术发展中心　**编著**

科学顾问　谭天伟

科学普及出版社

·北　京·

图书在版编目（CIP）数据

奇妙的生物制造世界：新叶的神奇之旅：全 5 册 /
中国生物技术发展中心编著 . -- 北京：科学普及出版社，
2023.10
    ISBN 978-7-110-10634-1

    Ⅰ.①奇⋯　Ⅱ.①中⋯　Ⅲ.①生物工程 – 少儿读物
Ⅳ.① Q81-49

中国国家版本馆 CIP 数据核字（2023）第 183540 号

策划编辑	符晓静　王晓平
责任编辑	王晓平　齐　放
封面设计	中科星河
正文设计	中文天地　中科星河
责任校对	吕传新
责任印制	徐　飞

出　　版	科学普及出版社
发　　行	中国科学技术出版社有限公司发行部
地　　址	北京市海淀区中关村南大街 16 号
邮　　编	100081
发行电话	010-62173865
传　　真	010-62173081
网　　址	http://www.cspbooks.com.cn

开　　本	787mm×1092mm　1/16
字　　数	205 千字
印　　张	17.5
版　　次	2023 年 10 月第 1 版
印　　次	2023 年 10 月第 1 次印刷
印　　刷	北京博海升彩色印刷有限公司
书　　号	ISBN 978-7-110-10634-1 / Q·294
定　　价	148.00 元（全 5 册）

编写团队

主编单位　　中国生物技术发展中心

主　　编　　张新民

科学顾问　　谭天伟

副 主 编　　沈建忠　范　玲　郑玉果

执行主编　　黄英明　敖　翼

编写人员（按照姓氏笔画顺序）

马千里	王 丹	王 凯	王 晶	王 熙	王黎琦
王耀强	方云明	邓 琛	朱晨辉	江会锋	李 阳
李冬雪	李苏宁	肖开兴	旷 苗	张大璐	张泽华
张晨昊	张潇潇	陈 琪	陈必强	陈洁君	范代娣
赵风光	赵黎明	姜 岷	敖 翼	耿红冉	夏小乐
钱秀娟	黄 帅	黄 鑫	黄英明	曹 芹	渠天欣
彭宇佳	董 华	董维亮	韩双艳	魏 巍	濮 润

引言

　　谭爷爷带着新叶来到了未来细胞工厂。新叶对这里充满了好奇，细心观察并记录着这里发生的事情。在这里，工人们根据接到的订单，并按照工程师的图纸拼装着不同的DNA元件。拼装好的DNA被装进细胞内，细胞就可以源源不断地生产客户需要的产品，如酶和各种生物制品等。谭爷爷带着新叶亲自操作，像拼积木一样，将需要的模块装配到一起，细胞就开始高效地工作了。新叶觉得细胞工厂很神奇，也感慨生物制造技术的强大。原来生活中的很多地方都能用到生物制造的产品，让我们一起去寻找吧！

人物介绍

谭爷爷

谭爷爷的名字叫谭天伟，是我国著名的生物化工学家，中国工程院院士，现任北京化工大学校长。谭爷爷专注于绿色生物制造领域的研究，积极推动我国生物制造的发展。他热心科学普及工作，带领儿童科学家新叶一起探索神奇的生物制造世界，并探究了衣、食、药、行、美的生物制造过程。

新叶

　　新叶是一名勤学好问的儿童科学家。他对生命科学和生物技术充满了好奇，经常跟随各领域顶尖科学家踏上探索科学世界的神奇旅行。曾经，他跟着元英进教授一同寻找合成生物学的魔幻手环；和王福生院士为了保卫人体王国并肩作战；跟杨晓明教授一同探秘人用疫苗的研发过程；乘坐时光机器，在张伯礼院士和屠呦呦教授的带领下，穿越时空走进奇妙的中医世界；跟随季维智爷爷一起探索千变万化的细胞——干细胞。在学习知识的同时，他结识了很多新朋友，也掌握了一些特殊技能。这次，他将要跟着谭爷爷一起去领略衣、食、药、行、美的生物制造技术。

酸酸

学　名：二元酸

简　介：含有两个羧基官能
团的有机酸，是合
成尼龙的常见单体。

胺胺

学　名：二元胺

简　介：可以与有机二元酸进
行缩合反应生成酰胺
类化合物，是合成尼
龙的常见单体。

苯苯

学　名：对苯二甲酸二甲酯

简　介：合成涤纶的重要聚酯
单体，主要用于合成
涤纶、树脂、薄膜、
聚酯漆及工程塑料等。

醇醇

学　名：乙二醇

简　介：最简单的二元醇，能
与对苯二甲酸二甲酯
发生酯化反应生成聚
酯；是合成涤纶的重
要基础原料。

小丙

学　名：α-羟基丙酸，也称为
乳酸

简　介：可作为合成聚乳酸的起
始原料，是生产新型生
物可降解材料——聚乳
酸（PLA）的首选材料。

小丁

学　名：γ-羟基丁酸

简　介：一种有机化合物，
可用来作为生物合
成聚羟基脂肪酸酯
（PHA）的原料。

丑丑

学　名: 大肠埃希氏菌, 又叫大肠杆菌

简　介: 原核生物, 具有较高的增殖速度、易于培养以及容易接受外来DNA的特性。而且它遗传背景清晰, 容易被改造成细胞工厂, 是一种最常见的模式微生物。

酵酵

学　名: 酵母菌

简　介: 单细胞真核生物, 兼具原核生物和真核生物的优点。和丑丑 (大肠埃希氏菌) 一样具有遗传背景清晰、易于培养、遗传基因操作技术成熟等优势, 是真核生物中最常用的模式微生物。

酶酶

学　名：酶

简　介：在生物体内，酶几乎参与催化所有的物质转化过程，与生命活动有密切关系；在体外，它也可作为催化剂进行工业生产。

淀淀

学　名：淀粉酶

简　介：催化淀粉大分子链发生水解，生成分子量较小、黏度较低、溶解度较高的一些低分子化合物，如糊精、麦芽糖和葡萄糖。

小纤

学　名：纤维素酶

简　介：可以水解纤维素，弱化织物表面突起的纤维和微原纤。在机械作用的配合下，突起的纤维和微原纤离开织物，进而使织物变得既光洁又柔软。

羊羊

学　名：羊毛纤维

简　介：羊皮肤的变形物，其组织结构可分为鳞片层、皮质层和髓质层，具有细软、保温性能高、吸湿性强等特点，被广泛应用于纺织、服装、地毯等行业。

角角

学　名：角质酶
简　介：一种 α/β 水解酶，属于丝氨酸酯酶。它既可以催化水解植物角质的酯键，也可以水解甘油三酯和其他可溶性的合成酯；可用于水解羊毛纤维的类脂层，提高纤维表面的湿润性能。

蛋蛋

学　名：蛋白酶
简　介：一种催化蛋白质水解的酶，可以作用于衣物表面，对纤维的鳞片层进行剥离，降低纤维的定向摩擦效应，从而降低纤维的毡缩性。

芳芳

学　名: 芳纶纤维
简　介: 一种合成的耐高温纤维，是防护服外层织物最常用的纤维。芳纶面料的舒适性差，通常与一些舒适性好的阻燃纤维混纺，也可用于制作芳纶水刺毡，具有保温、隔热的作用。

烯烯

学　名: 聚四氟乙烯
简　介: 一种由四氟乙烯单体聚合而成的高分子聚合物，这种材料具有防水、抗酸、抗碱、抗各种有机溶剂、耐高温的特点。

棉棉

学　名: 棉纤维

简　介: 一种天然纤维, 主要成分为纤维素, 具有柔软、吸湿、透气、耐磨等特性, 是一种常见的纺织原料。它可以和聚四氟乙烯通过层压工艺复合成具有防水透气功能的面料。

不怕火

学　名: 阻燃棉

简　介: 是由棉经过特殊工艺加工后形成的, 具有一定的防火作用, 不易燃烧, 离开火源后自动熄灭, 不会再复燃的一种防火材料, 具有阻燃、吸湿、透气、手感柔软、隔热好等特点。

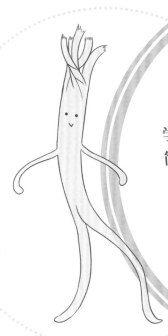

纤纤

学　名：纤维

简　介：由连续或不连续的细丝组成的物质。纤维可织成细线、线头和麻绳，织毡时还可以织成纤维层。文中纤纤代指各类纤维，如涤纶、氨纶、纯棉等。

小脂

学　名：脂肪酶

简　介：一种催化脂肪水解的酶，作用原理是将脂肪分子中的酯键水解成脂肪酸和甘油。它可以在不损伤布料的前提下，更好地去除油渍。

目录

 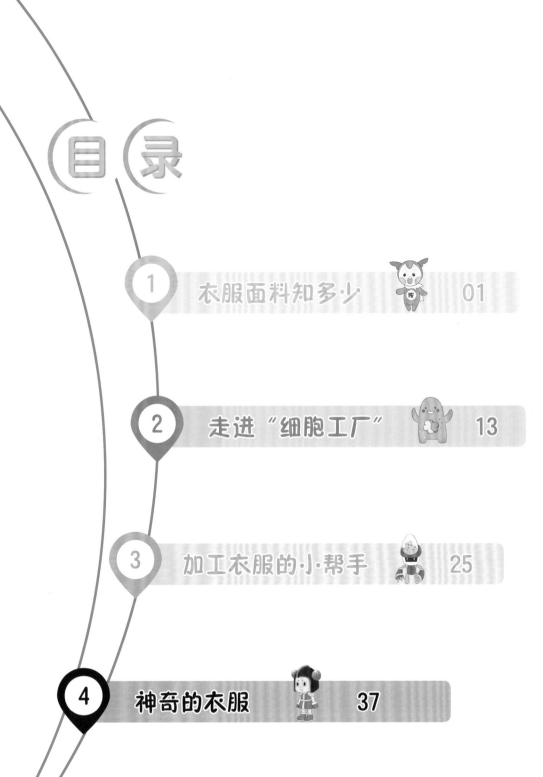

1. 衣服 面料知多少

文 / 展方可　王明达

图 / 王　婷　胡晓露

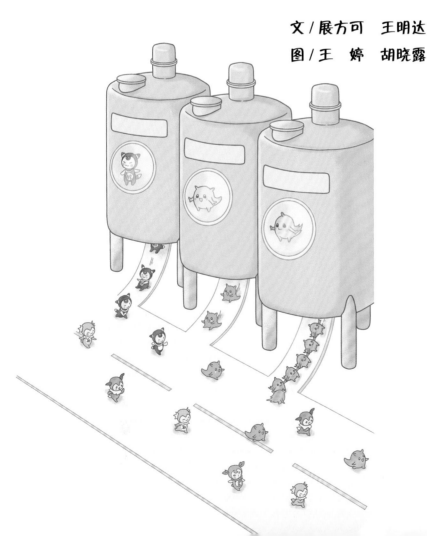

服装店奇遇记

一天，谭爷爷带新叶到服装店买衣服，店里展示着各种材质的衣服和配饰。

新　叶：谭爷爷，衣服的种类好多啊！它们有什么区别呢？

谭爷爷：最大的区别在于面料。有些面料是天然的，如棉麻、羊毛、蚕丝；
　　　　有些面料是合成的，来源于石油或煤炭等，如涤纶、尼龙。

新　叶：原来是这样啊！

谭爷爷：值得注意的是，在合成面料的加工过程中，生物制造可发挥了大
　　　　作用呢。接下来，我们就一起去了解一下吧！

棉花生产基地

      为了让新叶了解棉布的原材料棉花，谭爷爷带领新叶来到中国最大的棉花产区新疆。

谭爷爷：由棉花制成的布料柔软舒适、保暖性好，适于制作各类衣服。棉
          花栽培的历史悠久，发展到今天，已经培育出了好多新品种。

新   叶：为什么这些棉花不怕害虫？

普通棉花

谭爷爷：因为它们是抗虫棉，被植入了抗性基因，能产生特异的抗虫因子
或代谢产物。这些产物对人体无害，对害虫却是致命的。

新　叶：我明白了！那这些棉花为什么是棕色和绿色的呀？

谭爷爷：因为它们被转入了彩色基因，使色素直接积累在棉花里，
从而长成了彩色棉花，这样布料就不用染色了！

蚕宝宝的光荣事迹

除了我们最熟悉的棉花，蚕丝也是生活中常见的衣物面料。蚕丝是集轻、柔、细为一体的天然纤维，素有"人体第二皮肤"的美誉，被人们称为"纤维皇后"。

《 新叶词典 》

熟蚕：从幼虫生长到第五龄后期的蚕，逐渐体现出老熟的特征，最主要的标志是吐丝结茧。

新　叶：蚕宝宝一生下来就会吐丝结茧吗？

谭爷爷：不是的。吐丝结茧是桑蚕适应环境的一种生存本能。蚕发育成幼　　　　虫后，要经过4次蜕皮，成为熟蚕后，才会吐丝结茧。

新　叶：历史上著名的"丝绸之路"中的"丝绸"，就是由蚕宝宝吐的丝制
　　　　成的吗？

谭爷爷：是的。西汉时期，汉武帝派遣张骞出使西域。之后，中国的丝和
　　　　丝织品就被运往西亚和欧洲，再换回各国的奇珍异宝，促进了各
　　　　国间的贸易互通。

新　叶：这样看来，蚕宝宝真的很重要呢！

谭爷爷：新叶，你知道吗？除了你看到的棉花和蚕丝等天然面料，秸秆也
　　　　能用来生产衣服。

新　叶：真神奇啊！

谭爷爷：这就要用到生物制造的知识了，我带你去看看吧！

秸秆变衣服原料

谭爷爷带着新叶来到了衣服原料的发酵生产车间。在这里，废弃物秸秆经过处理，被微生物充分利用，进而生产出了各类衣服原料单体。

《 新叶词典 》

发酵：指微生物在适宜的条件下，将原料经过特定的代谢途径转化为人类所需要的产品的过程，在食品、医药及化学工业中都有广泛的应用，常见的酒、醋、酱油、酸奶等都是发酵产品。

糖化罐

运糖管道

新　叶：谭爷爷，这三排发酵罐都有什么作用啊？

谭爷爷：第一排的糖化罐里有一些纤维素酶，它们可以将秸秆水解成糖类物质。这些糖类物质被存储在第二排的"储糖罐"中，作为发酵的碳源。在第三排的"发酵罐"中，利用这些糖类物质微生物就能生产聚合物单体。

新　叶：这就是您说的生物制造吧。

谭爷爷：是的，这样就可以将秸秆"变废为宝"了。

发酵罐

酸酸
（二元酸）

发酵罐

胺胺
（二元胺）

发酵罐

苯苯
（对苯二甲酸
二甲酯）

发酵罐

醇醇
（乙二醇）

发酵罐

小丙
（α-羟基丙酸）

发酵罐

小丁
（γ-羟基丁酸）

储糖罐

我们出来
玩啦！

新　叶：嗯……这些小伙伴们匆匆忙忙的，
　　　　是要去哪里啊？

谭爷爷：它们要去聚合厂区，我们过去瞧瞧吧。

手拉手变衣料

新叶跟随单体小队来到了聚合厂区,看到单体宝宝们在分头前往各自的聚合区。

谭爷爷:新叶,你看!尼龙由二元酸和二元胺聚合而成,涤纶由对苯二甲酸二甲酯和乙二醇聚合而成,PLA 由乳酸聚合而成,PHA 由 γ-羟基丁酸聚合而成。

新　叶:它们为什么要聚合啊?

谭爷爷：团结才有力量！这些单体只有聚合在一起后，才会更加结实。

新　叶：原来如此啊！我看见这边有新型生物基可降解材料，它们是什么呢？

谭爷爷：它们是通过微生物发酵大量生产的新材料，在自然界中能够被降解，生成二氧化碳和水。

新　叶：生物制造实现了绿色循环呀！

谭爷爷：是的，新叶。下面，我会带你继续领略生物制造的神奇。

科普小讲堂

　　生物制造是以工业生物技术为核心，利用酶、微生物和细胞株，结合化学工程技术进行目标产品加工的过程。生物制造本身具有原料可再生、过程清洁高效等特征，能够减少工业经济对生态环境的影响，推动绿色增长和经济社会的可持续发展，被广泛应用于纺织、食品、制药、能源、化工、造纸以及环境保护等重要工业领域。

2. 走进 "细胞工厂"

文 / 邓　琛　崔亚楠

图 / 王　婷　胡晓露　纪小红

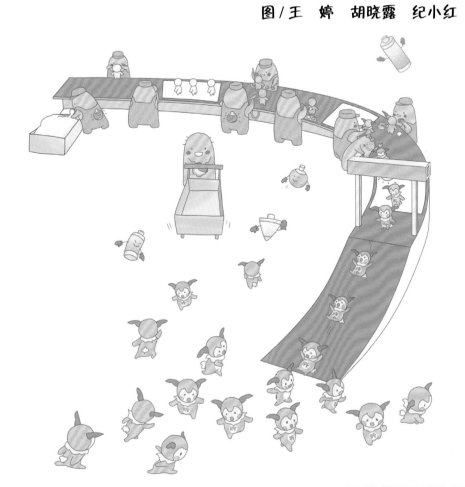

细胞工厂大家庭

　　为了看看衣服原料是怎么生产的，谭爷爷带着新叶参观了工厂里的发酵室，里面有很多不同的发酵罐。

新　叶：谭爷爷，这些发酵罐有什么不同啊？

谭爷爷：不同的发酵罐里有不同的细胞工厂，不同的细胞工厂形态不一样。

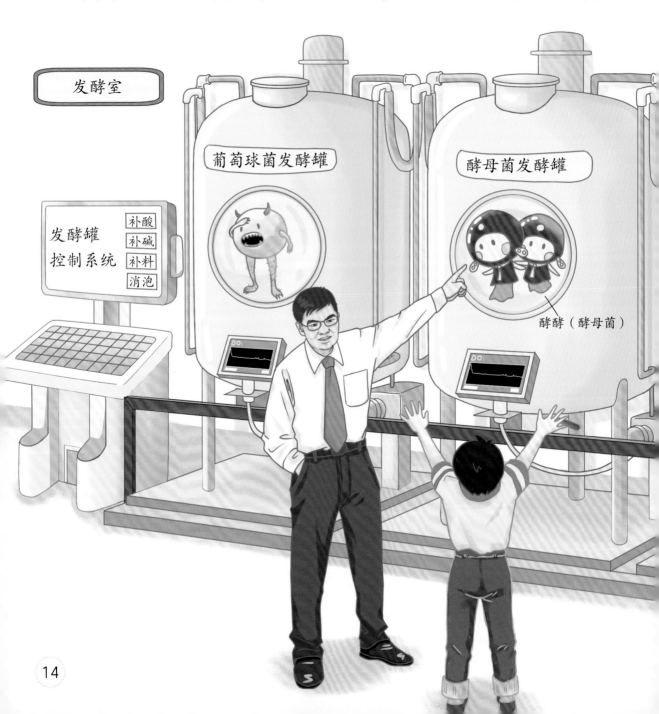

发酵室

发酵罐
控制系统
补酸
补碱
补料
消泡

葡萄球菌发酵罐

酵母菌发酵罐

酵酵（酵母菌）

新　叶：这些细胞工厂是怎么产生的?

谭爷爷：科学家根据不同的生产需求和细胞工厂的特性，引入一些外来酶，增强或抑制一些内源酶的活力，从而将微生物细胞改造成功能更强大的细胞工厂。新叶，你想不想知道细胞工厂是怎么工作的呀?

新　叶：当然想知道了!

谭爷爷：走，我们去参观一下细胞工厂。

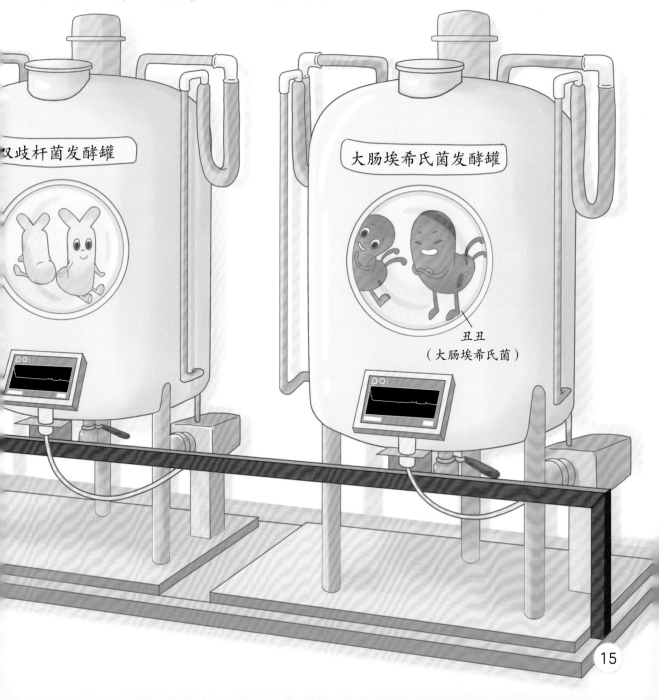

走进"细胞工厂"

谭爷爷带着新叶来到了大肠埃希氏菌细胞工厂，里面有很多工人（细胞器、酶等）在工作，但是工作效率很低。

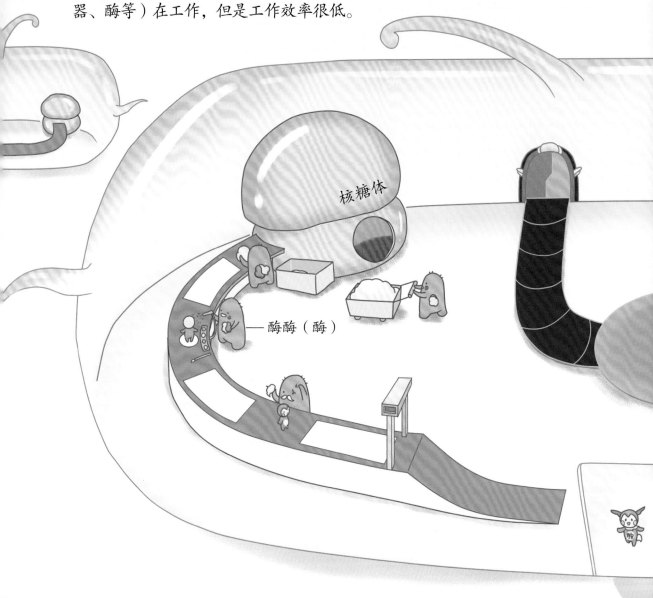

核糖体

——酶酶（酶）

新　叶：谭爷爷，那使用最多的是哪种细胞工厂呀？

谭爷爷：我们使用最多的是大肠埃希氏菌细胞工厂。这个工厂成长速度快、吃得少，活干得还多，简直就是妥妥的"天选打工人"。

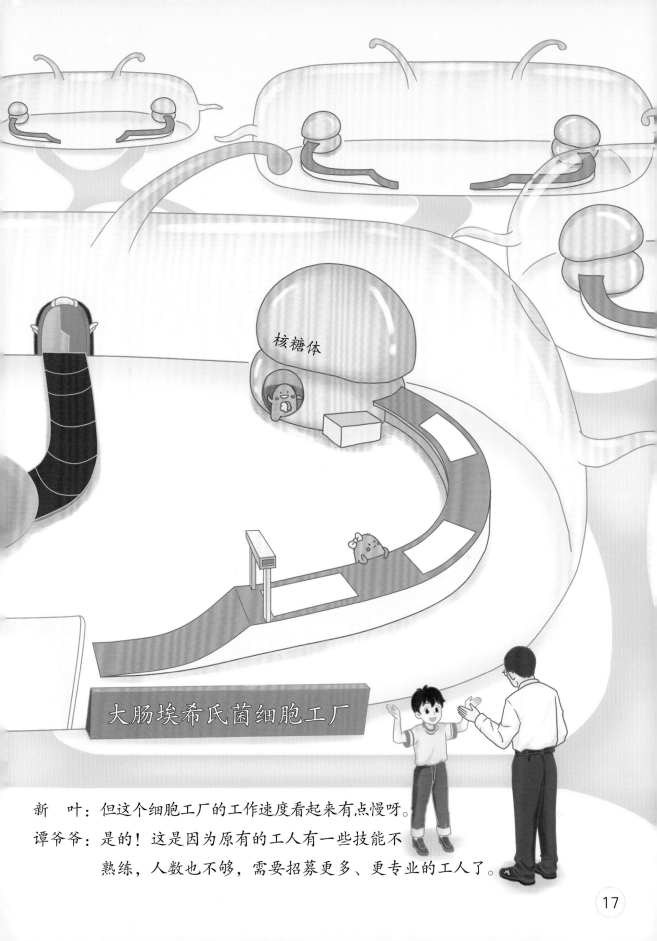

核糖体

大肠埃希氏菌细胞工厂

新　叶：但这个细胞工厂的工作速度看起来有点慢呀。

谭爷爷：是的！这是因为原有的工人有一些技能不
　　　　熟练，人数也不够，需要招募更多、更专业的工人了。

"细胞工厂"的支援军

忽然之间，细胞工厂里来了很多支援军，工作效率明显加快了。新叶高兴地和它们打招呼。

新　叶：你们好，我叫新叶，你们好厉害啊！

酶　酶：你好，新叶，我们是科学家利用基因过表达技术产生的酶。

谭爷爷：酶是由活细胞产生的、具有催化作用的蛋白质或RNA，是一类极为重要的生物催化剂。由于酶的作用，生物体内的化学反应在温和的条件下也能高效、特异地进行。

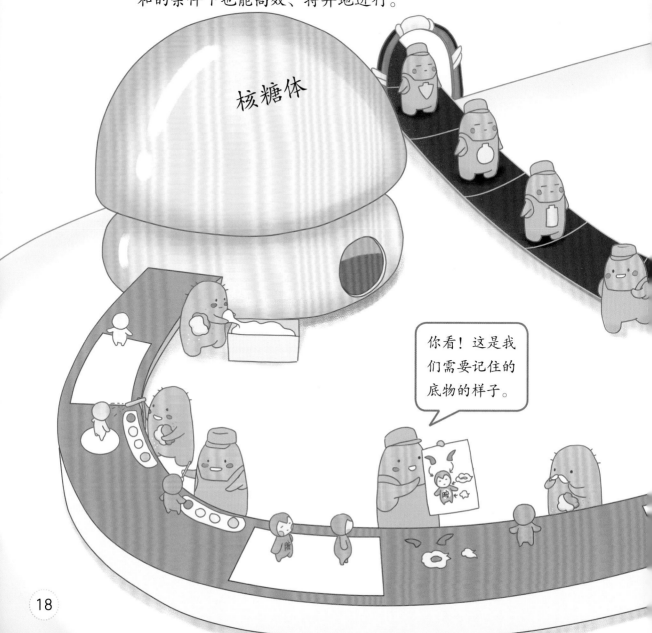

新　叶：那为什么招募的新员工中
　　　　还有一部分不工作呢？
谭爷爷：这就需要奖励机制了。

《 新叶词典 》

　　基因过表达技术：通过人工
构建的方式在目的基因上游加入
调控元件，使基因可以在人为控
制的条件下实现大量转录和翻译，
从而实现基因产物的过表达。

核糖体

"细胞工厂"的管理大师

此时，天空中飘来各种各样的小"瓶子"。它们识别并激活与自己相匹配的酶，被激活的酶开始高效工作。

新　叶：这些小瓶子是谁？好厉害啊！

谭爷爷：它们是激活剂。

核糖体

开始工作吧！

这不是我要找的酶……

啊哈！我感觉能量充沛！

找到你啦！

新　　叶：酶终于开始高效工作了!

谭爷爷：新叶，你看! 酶工作后，产物也开始快速积累了。

新　　叶：哇! 好厉害呀! 那什么时候可以将产物分出来进行包装呀?

谭爷爷：这就需要机器人的帮助啦。

《 新叶词典 》

激活剂：在一定条件下，能使酶由无活性变为有活性或使酶活性增加的物质。

我来帮忙!

聪明的机器人

谭爷爷带领新叶来到检测室，看到不同的机器人在工作。

新　叶：谭爷爷，这些机器人在做什么呀？

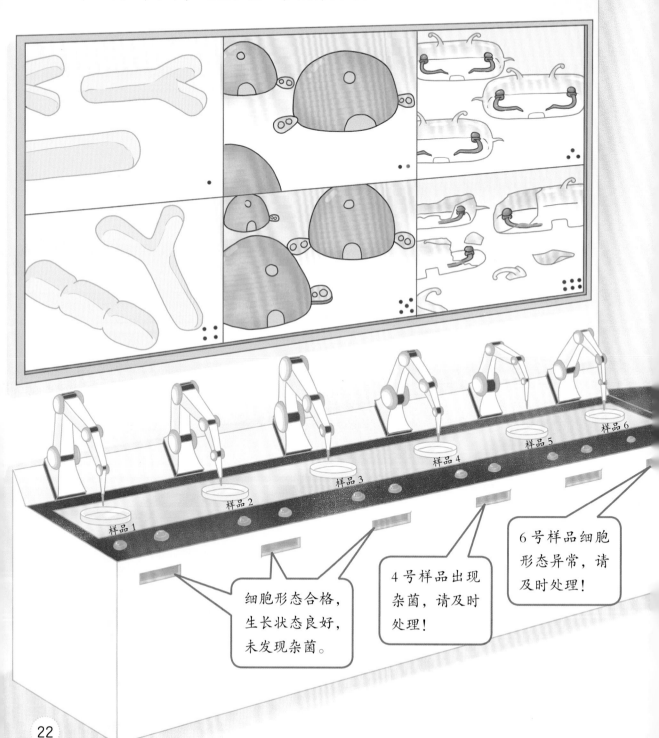

谭爷爷：它们主要对细胞工厂的状态和产物等进行检测。

新　叶：那这样做有什么作用呢？

谭爷爷：这样做可以观察细胞的形状和外观，以及培养基的颜色等状况，
　　　　可以及时发现早期被污染的细胞，避免"工人罢工"；对产物进行
　　　　检测，可以准确地确定分离产物的时间，从而最大限度地获得我
　　　　们需要的产品。

样品 1
样品 2
样品 3
样品 4
样品 5

样品浓度合格，可以打包

科普小讲堂

　　细胞工厂是指将微生物细胞作为一个"加工厂"，以细胞自身的代谢机能作为"生产流水线"，以可再生的生物质资源为原料，以酶作为催化剂，通过设计高效、定向的生产路线，利用基因技术来强化有用的代谢途径，从而将微生物细胞改造成一个合格的产品"制造工厂"。

3.加工衣服的小帮手

文/赵风光 陈赞林 范德勋

图/王 婷 胡晓露 纪小红

原料变衣服

纺线

好朋友，手拉手。

微生物
发酵

上浆

泡一泡，在织布的时候，我们就不容易断了。

    谭爷爷和新叶来到了纺织制衣车间，在这里可以看到衣料是如何变成衣服的。

新　叶：谭爷爷，原来我们有那么多衣服的原材料可以通过小小的微生物获得，我之前还以为只有蚕宝宝能做到呢！

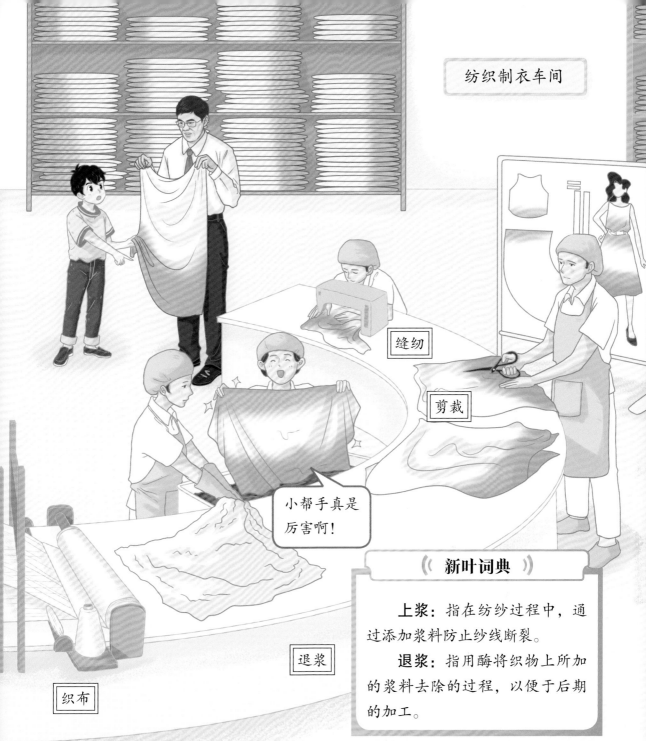

纺织制衣车间

缝纫

剪裁

小帮手真是
厉害啊!

退浆

织布

《 新叶词典 》

上浆：指在纺纱过程中，通过添加浆料防止纱线断裂。

退浆：指用酶将织物上所加的浆料去除的过程，以便于后期的加工。

谭爷爷：这些小小的微生物是帮助我们生产各式各样衣服原料的"大工程师"，它们手底下还有许许多多的衣料美容"小帮手"。

新　叶：是呢！我看到那块黏糊糊的布突然就变得光洁起来，是不是那些小帮手的功劳？

谭爷爷：当然！咱们这就去看看这些小帮手是怎么工作的吧。

于是，谭爷爷带着新叶来到了布料的微观世界，看到许多潜水工人在辛勤地工作着。

谭爷爷：新叶，你看！这些在辛勤工作的"潜水员"就是我们的小帮手之一，它们叫"淀粉酶"。

新　叶：谭爷爷，那这些淀粉酶是怎么发挥作用的呢？

谭爷爷：淀粉酶可以将上浆过程中沾染在织物浆料中的淀粉分解成可以溶解在水里的麦芽糖和糊精。这些水溶性分子在清洗面料时，就可

糊精

糊精

淀粉浆料

淀粉浆料

以随着清洗液一起离开布料，所以布料就光洁了。除了淀粉酶，还有许多酶能够帮助我们高效地完成各种各样的任务。

新　叶：谭爷爷，咱们这就去一探究竟吧！

光滑亮丽的小棉袄

　　谭爷爷和新叶离开了布匹退浆的微观世界，乘坐纳米飞船来到了崎岖不平的棉布表面。

新　叶：谭爷爷，那些拿着小铲子的宝宝是谁？在干吗呀？

谭爷爷：新叶，它们是纤维素酶，正在铲除棉布表面突起的部分。

新　叶：它们为什么要这么做呀？

因为我们的存在，人们才能穿上光滑亮丽的衣物。

谭爷爷：这些突起部分是棉布上的纤维，铲除它们可以让棉布变得更加光
滑。而且，这些酶除了可以铲除棉布表面突起的纤维，还可以防
止衣物缩水呢，让我们一起去看看吧。

光滑亮丽的衣服离不开我们呢，我们真的太棒啦。

——小纤（纤维素酶）

受水弹攻击的羊毛衫部落

　　谭爷爷和新叶离开了棉布表面，乘坐纳米飞船来到了羊毛衫部落，看到邪恶的水炮台正在发射水弹，入侵羊毛衫部落。

新　叶：羊羊，你怎么变得又小又皱巴了呀？

羊　羊：这些水炮台太厉害了，可以发射水弹。我们只要接触到水，就会萎缩变小，从而失去战斗力。

新　叶：爷爷，它们为什么会遇水变小呢？

谭爷爷：这是因为羊毛衫表面的纤维吸收水分后，会横向变粗、相互靠拢、表面变厚、尺寸变短，这样羊羊就缩小了。

羊羊——
（羊毛纤维）

快跑啊，沾上水就完蛋啦！

小炮台失灵了

就在羊羊们手足无措的时候，小机器人们来帮忙了。

新　叶：这些小机器人好酷啊！

谭爷爷：是呀！它们是新诞生的机器人角角和

　　　　蛋蛋，是抵抗小炮台入侵的秘密武器。

新　叶：它们为什么这么厉害呀？

谭爷爷：角角是角质酶，可以水解羊毛鳞片表层的类脂，提高纤维表面的

　　　　亲水性；蛋蛋是蛋白酶，可以对鳞片层进行剥离，降低纤维的毡

　　　　缩性，这样羊羊就不会缩小啦。

　　酶是由活细胞产生的，对特异底物起高效催化作用的蛋白质或RNA，是生命体内催化各种代谢反应的主要催化剂。随着现代生物技术的快速发展，科学家对酶的理解更深入，利用酶、改造酶，这种"绿色制造"，不仅能提高人们的生活品质，也开启了设计生命的大门。

4.神奇的衣服

文/赵风光　李睿思　李海铭

图/王　婷　胡晓露

　　了解过衣服的制作过程后，谭爷爷带着新叶和他的小伙伴们来到了虚拟试衣间。

新　叶：谭爷爷，这个小娃娃和我长得一模一样呢！

谭爷爷：是呀，新叶。这个系统可以实时采集你的形象，利用人工智能生

泳衣

材质：锦纶
　　　氨纶
　　　涤纶
特性：疏水透气
　　　高弹力
　　　不易褪色

速干运动衣

材质：涤纶
　　　氨纶
特性：透气性好
　　　干爽、舒适
　　　不易皱

这套衣服还具有速干的特性呢。

消防服

材质：阻燃抗湿织物
特性：防火阻燃

成和你一模一样的虚拟影像。你可以选喜欢的衣服，让它帮你试穿，这样就能看到自己试穿的效果。它还会识别衣服的面料材质，描述衣服的质感和特性。

新　叶：好神奇呀！这样我不用去商场，就能买到自己喜欢的衣服了。

谭爷爷：是呀新叶，快选选吧！

新　叶：嗯，那我就试试酷酷的消防服吧！

火海战袍

试穿之后，新叶和谭爷爷一起被拉进了正在救火的消防员的消防服里。

新　叶：谭爷爷，为什么这里有四道城门呀？

谭爷爷：因为消防服有四层结构，每一层都有很多英勇的小战士保护着消防员。最外层是由芳纶纤维构成的防火层；第二层是由聚四氟乙烯膜和棉布复合而成的防水透气层；第三层是由芳纶水刺毡组成的隔热层；第四层是由阻燃棉和阻燃黏胶组成的舒适层。

新　叶：谭爷爷，每一层都有什么功能呀？

谭爷爷：防火层可以起到阻燃、抵挡明火进入的作用；防水透气层既可以阻挡水进入人体，又可以排出汗液里的水蒸气；隔热层起到保温隔热的作用；舒适层集舒适性能和阻燃性能于一身，既能保护消防员，又可以增加衣服的舒适性。

大战细菌

　　了解了消防服的"秘密"后，新叶穿上了谭爷爷给他推荐的另外一种具有神奇功能的衣服。

新　叶：谭爷爷，我穿的这件衣服有什么特别的地方吗？

谭爷爷：当然！新叶，你知道吗？在生活中，细菌无处不在。有些细菌会
　　　　附着在衣服表面，对人体有害，但是它们不敢生活在你穿的这种
　　　　衣服上。

面料特性：抗菌

新　叶：我猜是因为这些衣服上有对抗它们的小战士吧！

谭爷爷：没错！这种衣服的面料是由 PLA 和 PHA 混纺而成的。PLA 能够提供酸性环境，大部分细菌不能在酸性环境中生活；同时，PHA 作为小战士，也能一起抵御细菌的侵入，从而达到抗菌的效果。

新　叶：耶，拥有了这种衣服，我就不害怕细菌啦！

难缠的油渍

　　玩了一圈回来，新叶发现自己的衣服脏了，于是开始洗衣服。可是，有一块油渍怎么搓也搓不下来，新叶皱起了眉头。

新　叶：谭爷爷，衣服上的油渍清洗不掉呀，脏兮兮的，真讨厌！

谭爷爷：因为油渍的主要成分是高级脂肪酸甘油酯，它是不溶于水的。如果只用普通的洗衣液进行清洗，当然洗不掉喽。

新　叶：真是可恶！对于这样的"顽固分子"，要好好对付它才行！

谭爷爷：新叶，你也不用着急，爷爷这里的洗衣液有清洗油渍的"小法宝"。

清洗油渍的"小法宝"

于是，谭爷爷把洗衣液倒在油渍上。新叶揉搓了几下后，油渍竟慢慢地褪去了。

新　叶：谭爷爷，这个"小法宝"是什么呀？

谭爷爷：它就是"小脂"——脂肪酶，能将油渍中的高级脂肪酸甘油酯分解成甘油和脂肪酸。在碱性环境下，它的活性更高。甘油和脂肪酸溶于水，经过清洗就能从衣物上脱离下来了。

新　叶：原来是这样！看来"小脂"帮了我一个大忙呢！

甘油

47

科普小讲堂

常见的洗涤标签有哪些？

有些衣服因其独特的材质或有造型要求，不能水洗。而我们可以通过衣服上的洗涤标签来判断。接下来，让我们认识一下常见的洗涤标志吧。

最高洗涤温度是 40℃　　只能手洗　　不可水洗　　不可漂白　　不可干洗　　最高熨烫温度是 110℃